我爱中华美食

饺子、面条、馒头·包子、豆腐、火锅

传统文化圆桌派◎主编

史小杏等◎著　薛丹等◎绘

U0222007

CHISO SINCE 1956　新疆青少年出版社

图书在版编目（CIP）数据

我爱中华美食 . 饺子、面条、馒头·包子、豆腐、火锅 / 传统文化圆桌派主编；史小杏等著；
薛丹等绘 . –– 乌鲁木齐：新疆青少年出版社，2021.12
ISBN 978-7-5590-8251-0

Ⅰ . ①我… Ⅱ . ①传… ②史… ③薛… Ⅲ . ①饮食—文化—中国—青少年读物 Ⅳ . ① TS971.2-49

中国版本图书馆 CIP 数据核字 (2021) 第 265074 号

我爱中华美食
WO AI ZHONGHUA MEISHI

饺子、面条、馒头·包子、豆腐、火锅　　　　传统文化圆桌派◎主编　史小杏等◎著　薛丹等◎绘

出 版 人：徐 江
策　　划：许国萍
特约策划：话小屋
责任编辑：刘悦铭
特约编辑：陈 晨　薛 彬
装帧设计：张春艳
美术编辑：邓志平　郭丽伟
法律顾问：王冠华 18699089007

新疆青少年出版社　http://www.qingshao.net
（地址：乌鲁木齐市北京北路 29 号　邮编：830012）

经销　全国新华书店　　　　　　　印刷　北京博海升彩色印刷有限公司
版次　2021 年 12 月第 1 版　　　印次　2021 年 12 月第 1 次印刷
开本　787×1092　1 / 16　　　　印张　8.5
字数　30 千字　　　　　　　　　印数　1-6 000 册
书号　ISBN 978-7-5590-8251-0　　定价　35.00 元

一日三餐饭，夜寝一张床。
在古代，什么是幸福？
吃得饱、睡得好就是幸福。
"民以食为天"，
日子一天天过去，人们渐渐觉得：
活着，不仅要吃得饱，还要吃得好，
天下唯"美食"与"爱"不可辜负。

世间每一种美食的背后，
都饱含着深情。
一个人在面对美食的时候，
往往也是最幸福的时候，
那是带着满满烟火气和仪式感的美好时光。

如果说有一种"文化"能品尝，
那就是中国的传统美食文化，
它历史悠久、博大精深，
直接影响日本、蒙古、朝鲜、韩国、泰国、
新加坡等国家，
形成了以中国为代表的东方饮食文化圈。
不仅如此，中国的素食文化、茶文化、
酱醋、面食、药膳、陶瓷餐具等，
还间接影响到欧洲、美洲、非洲、大洋洲……
惠及全世界数十亿人。

美食，从古至今，
在不同的朝代、不同的地域，
有着各自的特色及沿革。
对于古人而言，平时生活简单，
所以，他们有闲暇经常研制各种美食，
来丰富自己的生活。
春节的饺子、正月十五的元宵、
端午的粽子、中秋的月饼……
这些，都是古人的杰作。
在品尝这些杰作的时候，
你是否思考过，
它们起源于何时？
其中又蕴藏着怎样的
历史和文化内涵？

热爱美食的中国人，
岂止用文字与图画记录历史，
更用"味道"记录方方面面。

酸甜苦辣、煎炒烹炸，
中国人为这些"嘴上功夫"
融入艺术、审美与民族的性格特征，
使之成为了中华文化的重要组成部分。

看似小小的一道传统美食，
不仅能烹出历史文化、人情世事，
还装满了日月乾坤、万古千秋……
我们在品尝传统美食的同时，
也要品尝其中的历史文化。
现在就打开这本能"品尝"的书，
享受其中的"美味"吧！
——传统文化圆桌派

许多美食的由来，
都有着美妙的传说，
都折射着历史文化的缩影，
一种美食，一种文化，一种习俗……

饺子，起源于东汉，是医圣张仲景发明的；
面条，最早叫汤饼，已有四千多年的历史；
馒头，传说由三国蜀汉丞相诸葛亮发明；
粽子，春秋时期就已出现，最初用来祭祀
祖先；
……

目录

饺 子

传统文化圆桌派◎主编

史小杏◎著　凤雏插画◎绘

有个北方小孩叫牛牛，牛牛最爱吃饺子，一吃起饺子就停不下来。

妈妈担心他撑破大肚皮，奶奶笑他是小馋猫。

牛牛把胸脯一挺，说："谁让我叫牛牛，牛有四个胃。"

爷爷说："嘿，和你爸爸小时候一个样。"

听了爷爷的话，牛牛忽然有点难过，他很久没见到爸爸了。

夹

折

捏

完

今天是**大年三十**，全家团圆的日子。

天还没黑，奶奶神秘地说："牛牛，快来帮忙包福饺。"说完，奶奶拿起一张饺子皮，放上一颗大杏仁，又夹了一筷子馅料，把饺子皮两边一对折，再捏一捏，一个福饺就包好了。

牛牛问："什么是福饺呀？"

妈妈说："每个地方的福饺都不一样——有的在饺子里包硬币，寓意财源滚滚；有的包糖果，寓意日子甜甜蜜蜜；咱们家包干果，吃到福饺的人，健康又长寿。"

怎样包出一个好看的福饺？秘诀就是：夹、折、捏、完。

"咕噜噜——"是爸爸拖动行李箱的声音，爸爸回来啦！牛牛催着妈妈快去给爸爸煮饺子。可是，妈妈却说要等到子时才能吃，因为大年三十这顿饺子叫"更岁交子"，是辞旧迎新的意思。

牛牛等啊等啊，零点的钟声一响，整条巷子都飘起了饺子的香味。

　　牛牛家的饺子也熟了，爸爸把第一碗饺子恭恭敬敬地端到祖先牌位前，妈妈把第二碗饺子盛给了小狗阿福，然后呀——才是全家的团圆饺子。

　　忽然，牛牛的牙齿碰到了一个硬东西，他兴奋地喊："我吃到福饺啦！"

安全提示：
　　福饺里包有硬币、糖果或干果等异物，食用时要多加留意，以免误吞。

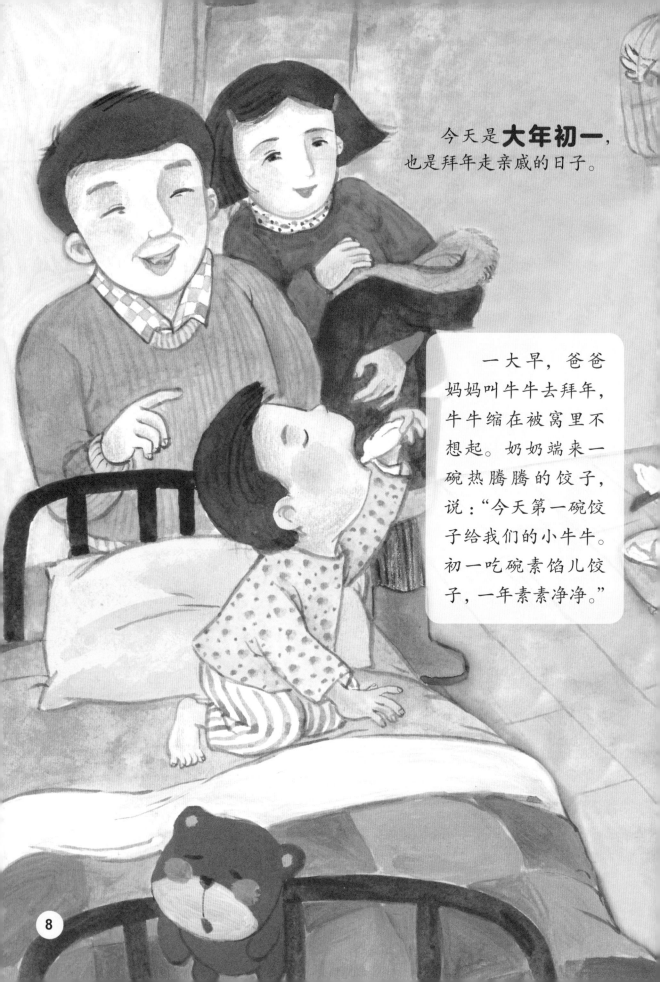

今天是**大年初一**，
也是拜年走亲戚的日子。

一大早，爸爸妈妈叫牛牛去拜年，牛牛缩在被窝里不想起。奶奶端来一碗热腾腾的饺子，说："今天第一碗饺子给我们的小牛牛。初一吃碗素馅儿饺子，一年素素净净。"

牛牛从被窝里钻出来，捏起一个饺子就往嘴里放："哇，韭菜鸡蛋馅儿的！好吃，真好吃！"

今天是**大年初五**，民间有迎财神的说法。
"当当当——当当当——"快到中午了，
厨房里响起了剁馅儿的声音。

牛牛跑进厨房问："今天吃什么饺子呀？"

"今天咱们吃一肉丸的！"奶奶说，"大年初五迎财神，肉馅儿剁得响，来年财运旺！"

今天是**农历二月初二**，民间也叫"春龙节"。

12

妈妈昨晚就准备好了面团和饺子馅——又有饺子吃喽！

今天吃饺子叫"食龙耳"，据说能得到龙的庇佑。奶奶和妈妈在厨房里包饺子，爸爸在院子里挂起一串"大地红"。这边饺子下了锅，"咕嘟咕嘟"；那边鞭炮响起来，"噼里啪啦"！

吃了这顿饺子，地里的活儿该忙了，爸爸也该动身了，牛牛真舍不得爸爸出远门啊。

今天是**三伏第一天**，麦秋刚过，家家户户麦子晒了满院。

一大早，知了就热得叫个不停，阿福热得吐舌头，牛牛一点胃口也没有。奶奶跟牛牛说了句悄悄话，牛牛高兴得一蹦三尺高。你猜奶奶说了啥？奶奶说："今天数伏，中午给小牛牛包饺子吃。"

因为饺子形状像元宝，又因为"伏"与"福"谐音，头伏吃饺子，就寓意"元宝藏福"。

今天是**立秋**，该贴秋膘了。

中午放学的时候，家里只有奶奶、阿福和两盘饺子。奶奶说，立秋吃饺子贴秋膘，身体棒棒。

妈妈和爷爷在田里种白菜，忙得顾不上回家吃饭。牛牛给他们送去了两大盒饺子。

16

妈妈告诉牛牛，一定要赶在天气转凉前把白菜种下去，争取让它们多晒太阳——要是种得晚了，白菜不爱长心。牛牛摸了摸胸口，心想：还好我经常晒太阳，我的心好好的。

今天是**立冬**，耕作了一年的人们，终于能好好休息一下了。

光秃秃的柿子树上挂满了红彤彤的柿子，引来几只喜鹊啄食，夏日里叫个不停的蝉啊蟋蟀啊都去冬眠了。

牛牛吸了一下鼻涕，说："还是阿福好，阿福就不冬眠，不过它看起来胖了一圈。"奶奶说："阿福没有胖，它只是换了'绒毛冬衣'。"

牛牛问："阿福有'绒毛冬衣'保暖，我怎么没有啊？"

奶奶笑呵呵地说："咱们有饺子吃，吃了饺子不怕冷！"

爸爸在电话里说，他过了冬至就快回来了。嘿，真是太好啦！

冬至可算到了，天上飘起了雪花。牛牛和妈妈在院子里堆了一个雪人，雪人有鼻子有眼儿的。妈妈给雪人围了一条围巾，说："这雪人有点像……"妈妈还没说完，牛牛抢着说："像爸爸！"

这时，奶奶招呼大家说："吃饺子喽！
冬至不端饺子碗，冻掉耳朵没人管！"
牛牛赶紧摸摸耳朵，耳朵好好的。

谁发明了饺子？

饺子原名"娇耳"，是东汉名医张仲景发明的。有一年冬至，很多老百姓耳朵冻得生了疮。张仲景用花椒和祛寒药材炖了一大锅羊肉，再把羊肉包进面皮，做了一锅"祛寒娇耳汤"。人们吃了"娇耳"，只觉得两耳发热，全身暖烘烘的。从那以后，为了驱寒保暖，也为了纪念张仲景，人们每年冬至都吃饺子。

牛牛吃着饺子，不知不觉又长了一岁。

中国人离不开饺子。

民间有很多关于饺子的俗语：

大年三十吃饺子，没有外人。

好吃不过饺子，舒服不过躺着。

吃了饺子汤，胜似开药方。

子孙饺子

二爷爷家娶新娘子时，奶奶带牛牛去帮忙。奶奶给新郎和新娘包了"子孙饺子"，寓意"早生贵子""多子多福"。

饺子也是"吉祥饭"，它包裹着人们对美好生活的期盼，很多重要场合都少不了饺子。

送客饺子

爸爸在大山里建水电站。他出远门前，奶奶装了一饭盒饺子，让他带在路上吃，寓意远行顺利，早日归来。

各种各样的饺子

饺子起源于东汉时期，距今已有约1800年的历史。在漫长的发展过程中，饺子名目繁多，在古代就有"娇耳""牢丸""扁食"等名称。

煎饺

馄饨

根据烹饪方式的差别，常见的有水饺、煎饺和蒸饺。从广义上说，馄饨也是饺子的一种。

水饺

蒸饺

至于饺子的口味，就更是五花八门啦！

饺子馅可荤可素，可甜可咸。只要你愿意，很多食材都可以包进饺子里，每一种食材都寓意着一份美好。

白菜

白菜谐音"百财"，寓意着财运不断。

韭菜

韭菜象征"长长久久"，幸福美满。

鱼肉

鱼肉寓意"年年有余"。

蒜

大蒜寓意"聪明会算"。吃饺子配大蒜，有助于增加香味，解油腻。

中国各地的特色饺子众多，如广东用澄粉做的虾饺、上海的锅贴饺、扬州的蟹黄蒸饺、山东的高汤小饺、沈阳的老边饺子、四川的钟水饺……都是颇受欢迎的品种。

小贴士

❶ 饺子虽然好吃，但是一次不要吃太多。刚出锅的饺子太烫，要晾一会儿再吃，因为烫饺子会损伤口腔及食道黏膜，甚至造成溃烂、出血。

❷ 饺子无所不"包"，如果宝宝不爱吃蔬菜，有一个很好的办法就是包饺子！

❸ 一不小心包了太多饺子，怎么办？没关系，放进冰箱里冷冻，就是速冻饺子啦！

❹ 吃水饺时，很多人喜欢喝饺子汤：一方面，中国有"原汤化原食"的食俗；另一方面，从营养学角度说，水饺中有一定的维生素、矿物质和帮助消化的辅酶会溶于汤中，喝汤能在一定程度上减少营养流失。

面 条

传统文化圆桌派◎主编

话小屋◎著　赵光宇◎绘

四川担担面

汤饼

煮饼

面条起源于中国，是老百姓家里三餐必备的传统面食。古代，人们把面食统称为"饼"：蒸着吃的叫蒸饼；煮着吃的叫煮饼或汤饼——汤饼就是最早的面条。

唐宋时期的汤饼，烹制方法几乎和现在的热汤面一样。而且，唐代已经有汤饼祝寿的习俗，象征福气绵长。

面条的种类有很多——老北京炸酱面、陕西臊子面、山西刀削面、上海阳春面、四川担担面、兰州拉面、武汉热干面、新疆拉条、广东云吞面……想想都叫人垂涎欲滴！

老北京炸酱面

山西刀削面

广东云吞面

上海阳春面

我爷爷是陕西人，我奶奶是个老北京。我在爷爷的秦腔声中长大，从小就爱吃酸辣爽口的陕西臊子面，还有醇香扑鼻的老北京炸酱面。

爷爷常跟我和弟弟说："岐山臊子面名震天下，江湖上都是它的传说。咱们陕西人，上了战场是英雄，吃起面来也是好汉，把大头盔翻过来就是面碗，一个人一顿能吃好几十碗！"

岐山

岐山，位于陕西省西部，是中华民族的发祥地之一，拥有悠久的历史和灿烂的文化，被誉为"青铜器之乡""甲骨文之乡"。

奶奶打断爷爷说："净吹牛！那还不把肚皮撑破了？"

 关中

位于现在的陕西省中部，指
"四关"之内，即东潼关、西散关、
南武关、北萧关。

"怎么是吹牛
呢？"爷爷一脸骄
傲地说，"从古到今，
谁来到咱关中地界
儿，不得吃碗酸辣
爽口的臊子面？"

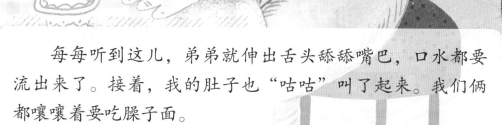

每每听到这儿，弟弟就伸出舌头舔舔嘴巴，口水都要
流出来了。接着，我的肚子也"咕咕"叫了起来。我们俩
都嚷嚷着要吃臊子面。

爷爷砸吧砸吧嘴，对奶奶说："老太婆，丫丫和蛋蛋要
吃面。"奶奶一眼看透了爷爷的心思，说："我看就是你想吃。
你呀，一天不吃面就浑身不舒坦。"

周文王

周文王，姓姬名昌，是商朝末年周氏族的首领。武王姬发消灭商朝，建立周朝，追尊父亲姬昌为文王。

34

渭 水

就是今天的渭河，流经甘肃天水和陕西的关中平原，最终汇入黄河，是黄河最大的支流。

"以前的人，真的能一口气吃好几十碗面吗？"弟弟问。

"那当然。"爷爷神秘地说，"臊子面又叫蛟龙面，那面条嚼起来跟龙筋似的，倍儿香！一碗根本不够吃！民间传说，臊子面是周文王发明的——

"古时候，岐山有一个部落叫周，周的首领是姬昌。当时，渭水河畔常有蛟龙行凶作恶，人们对它恨之入骨。一天，蛟龙又出来作怪，姬昌拉弓射箭，瞄准蛟龙。

"只听'嗖嗖嗖'一阵箭雨，蛟龙'啊呜'一声，没了性命。部落中的一位老者说：'造化！造化！这蛟龙修炼多年，吃它一块肉，可以益寿延年，驱恶除邪。'

"姬昌听了眼睛一亮，随即命令部下把蛟龙肉做成臊子，烹制成汤。姬昌亲自舀汤，放进大家煮好的面碗里，这就是最早的臊子面。"

我问爷爷："龙肉做的臊子面，一定很香吧？"

弟弟是急脾气，吵着说："我也要吃龙肉！我也要吃龙肉！"

爷爷朝厨房努努嘴，大声说："甭管龙肉还是什么肉，都没你奶奶做的香！"

不用说，爷爷的话飘进了奶奶的耳朵，奶奶笑得合不拢嘴，说："臊子就是肉丁。臊子面要想做得地道，秘诀全在臊子汤和配菜上。丫丫、蛋蛋，奶奶教你们做臊子面！"

老陈醋

1. 选上好的鲜肉，切成小块，就是臊子。

2. 把臊子在铁锅里煸出油，加上醋、辣椒面等调料。

3. 加上两大碗水，小火慢炖，一股浓香的酸辣味很快在厨房弥漫开来。

4. 接着准备做配菜，将胡萝卜、豆腐、黄花、木耳等食材切成小薄片，炒熟。

案板上，面团正被擀开，又揉到一起；再擀开，再揉，再擀……面粉里的筋丝全被拉开了；擀开的面，像被单似的一次次被展开、叠起，再展开、再叠起……

白面慢慢泛起了青色，奶奶把"被单"折叠起来，切成均匀的细丝。

面条切好了，锅里的水也咕嘟咕嘟冒起了泡，下面条啦！

吃臊子面得用大碗——像头盔那么大，这样吃起来才有英雄气概。煮熟后的面是青的，跟玻璃似的半透明，用筷子挑起，都能看见对面的人影。最后一道工序——浇上臊子汤和配菜，一碗正宗岐山臊子面就做成了。

面条筋道，臊子鲜香，浓汤上浮着一层红油，一口气吹不透。虽说这臊子面有点烫嘴，但酸、辣、香刺激着味蕾，让人忍不住急速吞咽，发出像哨子一样的"嘘嘘"声——所以，它又叫"哨子面"。

这天，我和弟弟每人吃了三大碗！臊子面的香味弥漫在整个屋子里和我脑海里的古老中原大地……

中国人吃面的习俗由来已久：夏至要吃面；谷雨要吃面；过生日要吃长寿面。

再过几天就是奶奶的70大寿了，爸爸妈妈要给奶奶办一个豪华寿宴，备好了烧鹅、熏鸡、大螃蟹……奶奶却摇摇头说："我就想吃碗老北京的炸酱面。"

"行，我来给你做。"爷爷举双手赞成，"吃了长寿面，长长久久！"

"过生日为什么要吃面呢？"我和弟弟想不明白。妈妈说："因为面条又长又瘦，谐音'长寿'，寓意长命百岁。"

于是，在奶奶生日这天，由爷爷掌勺，我和妈妈打下手，给奶奶做起了炸酱面。

45

彭　祖

我国古代著名的长寿老人，传说彭祖擅长养生之道，活了八百多岁。因为他精通烹饪，又被尊为"厨行的祖师爷"。

过生日吃长寿面的习俗，由来已久。相传，汉武帝渴望长生不老，有一次他问东方朔："听说人中越长寿命越长，人中长一寸就有百岁寿命，你看看我的人中，我能不能活到一百岁？"

东方朔哈哈大笑，说："按您这么说，相传彭祖活了八百多岁，人中至少该有八寸，那他的脸得多长呀?！"

"哈哈——大长脸！"我和弟弟听了都笑得合不拢嘴。妈妈也笑着说："脸就是面，说脸长，就是面长，所以人们会用长长的面条来表达长寿的愿望呢。"

　　说话的工夫，爷爷用肉丁和葱姜做好了炸酱，妈妈也把黄瓜、香椿、豆芽、青豆、芹菜、萝卜等食材做成了面码儿。面条煮熟后，放进凉水里抖擞几下捞出，根根分明。爷爷娴熟地把面码儿和炸酱倒入碗中，伴随着清脆的碰瓷声，有"谱"又有"面"。

北京人吃炸酱面，讲究的就是这"摆谱"的食趣，不能"栽面儿"。奶奶乐得眉开眼笑，一本正经地念起了老北京的顺口溜：

　　"青豆嘴儿、香椿芽儿，焯韭菜切成段儿；

　　芹菜末儿、莴笋片儿，狗牙蒜掰两瓣儿；

　　绿豆芽儿，去掉根儿，带刺儿的黄瓜切细丝儿；

　　焯豇豆，剁碎丁儿，小水萝卜带绿缨儿；

　　炸酱面，只一小碗儿，七碟八碗是面码儿。"

　　爷爷奶奶笑了，他们的眼睛亮亮的；爸爸妈妈笑了，他们的眼睛亮亮的；我和弟弟也笑了，我们的眼睛亮亮的……

各种各样的面条

面条起源于中国，有四千多年历史。从南到北、从东到西，几乎每个地方都有一碗特色面条：北京炸酱面、四川担担面、广东云吞面、兰州牛肉面、岐山臊子面、山西刀削面、上海阳春面、武汉热干面、延吉冷面……这些面条做法不一，滋味各有千秋。

北京炸酱面

有人说，炸酱面就像是面中的"满汉全席"，因为它足够丰盛。面条里配上豆芽、青豆、黄瓜、萝卜等各式菜码儿，保管你口舌生津。

四川担担面

相传由自贡小贩陈包包创制，因为早期是用扁担挑在肩上沿街叫卖而得名。

兰州牛肉面

当地人描述它是一清、二白、三绿、四红、五黄，即：汤头清亮醇厚，萝卜纯白如玉，蒜苗翠绿可人，辣椒油鲜红似火，面条筋道透黄。

广东云吞面

云吞入口爽滑，面条弹牙有嚼劲。

陕西臊子面

有3000年的历史，最早始于周朝。臊子就是肉丁的意思。臊子面讲究色香味：黄色的鸡蛋皮、黑色的木耳、红色的胡萝卜、绿色的蒜苗、白色的豆腐……既好看又好吃。

山西刀削面

刀削面既好吃又好看。削面时，身怀绝技的削面师傅把面团顶在头上，手中两把刀左右开弓，削面如流星赶月，在空中画出一道美妙的弧线，正好落在锅中。

上海阳春面

也叫光面、清汤面，味道鲜美爽口。民间习惯称阴历十月为小阳春，上海市井隐语也以"十"为阳春，而从前这种面每碗售价为十文，故称阳春面。

武汉热干面

一碗热干面，代表着鲜活的"武汉印象"。热干面的特点是口感糯而不软，稍一品尝，芝麻酱的味道便裹挟了口腔。

延吉冷面

在延吉，不论严冬还是酷暑，都少不了一碗带冰碴儿的延吉冷面。

小贴士

❶太凉的面条会刺激肠胃，容易引发腹泻、腹痛，太烫的面条可能损伤食道。所以，最好吃温热的面条。

❷面汤中含有消化酶，可以帮助消化食物。吃面喝汤，美味又健康。

❸面条自古就被认为是养人的食物，传统"病号饭"首选面条。《荆楚岁时记》中说："六月伏日食汤饼，名为辟恶。"恶，是疾病的意思。伏天蚊虫多，吃上一碗热腾腾的面条，出一身汗，有助于驱除病患。

❹方便面是现代人家中的常备食品。不过，为了延长保质期，这种面条在加工过程中使用了一定量的添加剂，不宜多吃。

馒头·包子

传统文化圆桌派◎主编

未小西◎著　都一乐◎绘

54

　　小巷里藏着两家人气最旺的小吃店：右边的山东饸面馒头坊，住着小牛牛和一只叫馒头的虎斑猫；左边的老街坊包子铺，住着小妞妞和一只叫包子的小狗。每天早上，牛牛被甜丝丝的馒头味唤醒，妞妞在香喷喷的包子味中睁开睡眼。

　　为了让大家吃上热腾腾的早餐，牛牛和妞妞两家的大人每天半夜就开始工作了。他们好像比赛一样，要是今天这家先亮了灯，另一家的灯第二天肯定亮得更早。

今天，牛牛的爸爸妈妈起得格外早，他们称好面粉和酵母的重量，就开始发面了。

1. 先把酵母在温水里化开。

2. 把酵母水倒进巨大的面盆里，和成面团。

3. 盖上湿布，让滑溜溜、软趴趴的面团睡上一觉，这叫醒面。面团休息的时候，大人们可不能休息，除了戗面馒头，还要做花卷、糖三角、发糕……有很多复杂的工序要处理。

4. 大概两个小时后，面团从"小不点"变成了"大胖子"，里面有很多零星的小气泡。牛牛爸爸乐得合不拢嘴："今天的面发得真棒！"要是气泡太大，就是发过头了，需要加点碱补救一下。

5. 往醒好的面团里揉进干面粉，这叫戗面。戗面馒头又白又有嚼头儿。牛牛家的招牌就是手工戗面大馒头。戗面是个力气活儿，通常由牛牛爸爸来承担，因为爸爸是全家力气最大的人。一大盆面几十斤，牛牛爸爸一边戗面一边揉，手腕一上一下的。

　　开始做馒头啦！牛牛的爷爷奶奶也来帮忙。

　　揉一揉，把面团里的气体赶出去；再搓一搓，一个山丘模样的馒头就做好了。这时候，馒头看起来还是小小的，需要躺在蒸屉里休息一下。都说心急吃不了热豆腐，心急也吃不了好馒头。

　　锅里的水开了，馒头也休息好了，开蒸！旺火蒸上大半个小时，热腾腾的馒头出锅喽！啊，馒头"长大"了好多。

　　街坊们早已等不及了，这个说："我要六个饿面馒头，两块发糕！"那个说："来俩花卷，一个糖三角！"心急的顾客揪一块馒头塞进嘴里，嘿，真甜！

　　糟糕，上学要迟到了，牛牛抓起一个大馒头就出了门，就着一杯豆浆，津津有味地吃了起来。

津津有味

　　兴味浓厚的样子，经常用来形容吃饭有滋有味或谈话兴致勃勃。

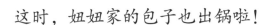

这时，妞妞家的包子也出锅啦！

妞妞妈妈的肚子圆滚滚的，这可不是因为吃了太多美味的包子，而是因为她快给妞妞生小弟弟小妹妹了。

妞妞妈妈麻利地给顾客们拣着包子："您要的素三鲜！""鲜肉大葱两个，韭菜鸡蛋两个，梅干菜两个，您拿好！""您想来点什么口味的？我们家招牌是肉三鲜，皮薄馅儿大，味道鲜得很！"

山子哥哥

素素姐姐

　　一屉屉包子眼瞧着就见了底，做包子的几位赶忙又紧了紧手里的活儿。

　　山子哥哥在案板上"咚咚咚"地剁着肉。素素姐姐拌的馅儿最香了——往三分肥、七分瘦的肉泥里打上滑溜溜的鸡蛋，搅得飞起，加点葱姜末，拌上香菇丁和木耳，点上芝麻油，不要太香哟！

妞妞爸爸的绝活儿是蟹黄汤包，只见他一手托着擀好的面皮，一手拿筷子挑着馅儿，然后两手转一转、捏一捏，一个包子就做好了。十八个褶子像朵盛开的花，不要太好看哦！

一转眼，几屉包子又上了蒸笼。妞妞妈妈忙里偷闲，夹起两个包子给妞妞端上桌："妞妞，吃了早饭去上学啦！"

一碗小米粥，一碟小咸菜，还有两个白白胖胖的大包子。

咬一口这个，清香鲜甜，整条舌头都苏醒了——这是荠菜包。

再咬一口那个，咸香滋润，厚重的酱肉配着脆嫩的冬笋——冬笋酱肉包可真够味！

吃完早饭，小妞妞蹦蹦跳跳去上学。

小牛牛跟在后面说："妞妞，快尝尝我们家的馒头，刚出锅的！"

妞妞把小辫一甩，说："我才不稀罕呢！我们家的包子比馒头好吃一万倍！"

美食寓意

　　馒头和包子都是圆圆的，象征着圆圆满满，是北方春节的重要年货。民谚说："二十八，把面发；二十九，蒸馒头。"过年时家家户户发面蒸馍，寓意来年蒸蒸日上，红红火火。馒头上点缀五个大红枣，寓意五谷丰登。各种各样的包子也寄托着人们的美好心愿：豆包，谐音"都饱"；菜包，寓意招财进宝；包子里有肉、豆沙或其他馅儿，寓意金玉满堂……

两个小吃货，谁也不服气，展开了一场馒头包子争霸赛——

　　这一星期，牛牛吃了紫米馒头、全麦馒头、红枣馒头、黑糖馒头、椒盐花卷、五彩窝窝头……他还有很多没来得及吃哪，比如：奶香馒头、山药馒头、大发糕、黄米糕、豆沙卷……

　　汪，包子狗馋得流口水。

　　妞妞呢？她这一星期吃了韭菜鸡蛋包、素三鲜包、肉三鲜包、梅菜鲜肉包、牛肉大葱包、麻辣豆腐包、香菇油菜包、荠菜包、冬笋酱肉包，还有羊肉萝卜包、牛肉芽菜包、叉烧包、鲜虾包、西葫芦包、茄子包……

　　喵，馒头猫馋得喵喵叫。

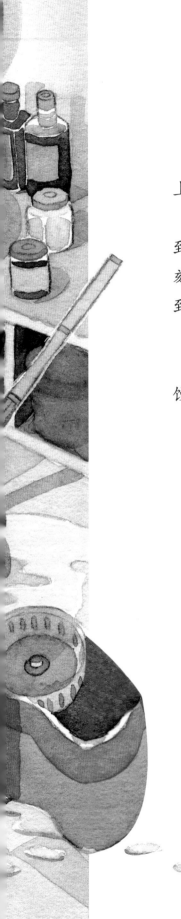

　　小妞妞好一副伶牙俐齿，总能在争论中占上风："我们家的包子天下第一、没人能比！"

　　小牛牛说不过小妞妞，带着一肚子委屈回到家，爸爸、妈妈、爷爷、奶奶还有馒头猫立刻围了上来。牛牛红着眼圈问："馒头和包子，到底哪个更好吃？"

　　奶奶说："傻孩子，馒头好吃，包子也好吃。"

　　爷爷说："馒头和包子自古不分家，最早的馒头，也是包馅儿的。"

　　牛牛越听越糊涂了。这是怎么回事呢？

　　爷爷打开了话匣子——

　　"传说，馒头是三国时期蜀汉丞相诸葛亮发明的。有一次，诸葛亮南征，被风浪挡住了去路。按照当地习俗，要用人来祭河神。诸葛亮不忍心，就让士兵们用面皮包上肉馅做成面团献给河神，风浪果然平息了。

　　"诸葛亮把剩下的面团分给士兵们，大家都觉得好吃极了。这种面团后来演变成'馒头'，进入千家万户。不过，那时普通百姓可吃不起肉馒头，于是就有了没馅儿的实心馒头。

　　"后来为了区分方便，人们管没馅儿的叫馒头，管包馅儿的叫包子。

　　"不过，在有些地方，人们还是习惯性地把包子叫做馒头。比如在上海，肉包就叫肉馒头，菜包叫菜馒头，生煎包叫生煎馒头，南翔小笼馒头其实就是小笼包。"

　　说到这里，爷爷掉转了话头："装几个咱们家的花馒头，给小妞妞送去！"

　　牛牛和妈妈正拣馒头呢，妞妞妈领着妞妞来串门啦，还端着一笼香喷喷的蟹黄包！

　　牛牛和妞妞拉拉手，还是一对好朋友。

蟹黄包的皮薄得像张纸，牛牛轻轻咬一口，吮一口汁水，鲜掉眉毛啦！牛牛笑得眼睛只剩一条缝，就像个小包子。

花馒头真好看！妞妞咬一口，甜丝丝，鼓起腮帮子嚼啊嚼，圆圆的小脸好像个戗面馒头。

各种各样的馒头和包子

馒头又叫做馍、蒸馍，是中国传统面食之一，品种非常丰富，逐步形成特色鲜明的南北风味，各地都有自己的独特制作方法。

宋代的太学馒头

相传由北宋最高学府太学厨房制作，当时的学生都以吃这种馒头为荣。

王哥庄大馒头

青岛市非物质文化遗产，花样繁多，有老虎、燕子、福寿桃、富贵鱼、枣花糕等形状，寓意吉祥。

开花馒头

最早出现在晋代，据说是用酵面（面肥）制作的，烹饪时要蒸到自然开裂的状态。

包子在中华大地上四处开花，哪怕是在以稻米为主食的南方，也占据了重要的位置。包子的品类繁多，口味有甜有咸有荤有素，造型丰富多彩，每一款都令人"爱不释口"。

天津狗不理包子

中华老字号，始创于1858年，为"天津三绝"之首。慈禧太后曾大加称赞："山中走兽云中雁，腹地牛羊海底鲜，不及狗不理包子香矣，食之长寿也。"

叉烧包

起源于北方的开花馒头，传到广东后，结合当地人喜爱偏甜口味和松软口感的特点加以改良，制成了独具特色的叉烧包。

小笼包

全国各地都有小笼包，北方的味道偏咸，南方的味道偏甜，最有名气的是上海南翔小笼包和四川小笼包。

烧麦

也叫烧卖，起源于元大都，南北风味各异：内蒙古有羊肉烧麦，安徽有鸭油烧麦，南京有蛋烧麦，江浙有糯米烧麦，广东有干蒸烧麦……北京都一处烧麦是国家级非物质文化遗产，已有超过270年的历史。

新疆烤包子

包子大都是蒸的，而这种包子却是烤的，入口皮脆肉嫩，味鲜油香。

小贴士

❶馒头口感筋道，保留着小麦自然的清香；包子荤素搭配，口味丰富。馒头、包子都好吃，小朋友不要吃撑了哟。

❷无论是蒸馒头，还是蒸包子，一次都不要做太多。吃不完的及时放进冰箱储存，下次吃的时候要热透了再吃。

❸馒头并非越白越好，正常的颜色应该是略微发黄。本白色的全麦馒头，原材料里保留了少部分的麸皮，口感较一般馒头粗糙，但麦香味更浓郁。

❹很多人日常习惯用馒头、包子和粥当早餐，营养相对单一，几乎都是碳水化合物——建议搭配豆浆、牛奶和水果，营养均衡又全面。

豆 腐

传统文化圆桌派◎主编

史小杏◎著　薛丹◎绘

安徽八公山脚下有个豆腐村，家家户户做豆腐。豆腐村东头的柳树下，有一间老豆腐坊，住着老爷爷和老奶奶。

每天天不亮，豆腐坊就升起了袅袅炊烟，大石磨"吱呀吱呀"地转，老风箱"吭哧吭哧"地响——不管寒冬腊月还是炎夏酷暑，天天如此。

豆腐村土地肥沃，泉水甘甜，种植黄豆的历史至少已有4000年。

黄豆起源于商周时期，秦汉时期成为人们重要的口粮。

当时的人们把黄豆叫"菽（shū）"，而"豆"是一种器皿的名称。由于人们经常用"豆"来装煮熟的"菽"，慢慢才有了今天的叫法。

春秋战国时期，鲁班发明石磨，改变了黄豆的食用方式：在石磨出现之前，人们都是直接将黄豆煮成豆饭吃，而黄豆很难煮烂；有了石磨，黄豆被加工成更小的颗粒，还可以磨成豆浆。

西汉时期，淮南王刘安不小心把豆浆和炼丹用的石膏和盐混在一起，得到一种嫩滑绵软的东西，一尝很是美味，于是又反复试验，发明出了豆腐。

古代的豆

在古代，"豆"并不是如今的豆类植物，而是一种盛放食物的器皿，有陶豆、漆木豆、青铜豆、瓷器豆等文物存世。从"豆"的甲骨文字形看，有点像我们现在用的高脚杯。"豆"字最上面一横就代表盖子，中间的"口"表示"豆"内盛有食物。

中秋节前后是黄豆收割的时节，大人们挥起镰刀，把田埂上的豆秧一一放倒。

如果运气好，还能捉到豆蝈蝈。豆蝈蝈的肚子是金黄色的，脊背和翅膀是草绿色，像穿了一件绿马甲。它"嘟噜、嘟噜"地叫着，提醒人们赶紧把黄豆收回家。

蝈 蝈

　　蝈蝈有很多种：生活在黄豆地里的叫豆蝈蝈，喜欢吃豆花和豆叶，叫起来慢条斯理的；铁蝈蝈则全身透红，声音铿锵有力，像打铁的汉子；最有意思的是油蝈蝈，挺着圆滚滚的"将军肚"，声音却又细又长。

　　黄豆收割回来还要摊晒晾干，这样才好保存。在阳光灿烂的日子里，成熟的豆荚哔啵作响，蹦出一颗颗滚圆饱满的黄豆。

　　往年农忙时，豆腐坊都要关上几天，可今年特殊，因为小外孙豆豆要从城里回来了。豆腐豆腐，豆腐迎"福"，小豆豆就是老两口的福气。

"外公外婆，我回来啦！"小豆豆看到挂在门口的蝈蝈笼子欢呼起来，"还有蝈蝈呢！"

外婆放下手里的钢叉，迎上来说："这是豆蝈蝈，外公专门给你抓的。"

小豆豆逗了一会儿蝈蝈，说："蝈蝈虽然好玩儿，但我更想和外公外婆一起做豆腐。"

外公乐呵呵地说："不急不急，先把豆子泡上。"

　　晒干的黄豆，外婆一颗一粒地挑选：圆润饱满的豆子泡在盆里；那些长虫眼儿的豆子，是小鸡们的零食；那些干瘪的，外婆把它们收集在一个搪瓷缸里，给小豆豆缝了一个沙包。

　　小豆豆是急性子，问外婆："怎么还不磨豆腐呀？"

　　外婆说："要等黄豆泡大了才能磨啊。"

　　小豆豆玩了一会儿沙包，又逗了一会儿蝈蝈，可是黄豆好像没什么变化。

晚上，小豆豆和外公外婆就住在豆腐坊。第二天，天还黑麻麻的，外婆摇摇外公：

"老头子，挑水磨豆腐了。"

豆腐手艺人都是半夜起来磨豆子，天明鸡叫的时候出去卖豆腐，这样才能赶上早市。

过了一会儿，外婆又晃晃小豆豆，说："小豆豆，快来看，黄豆泡大了！"

经过一夜的浸泡，搪瓷盆里的黄豆呀，都喝饱了水，肚子胀得圆鼓鼓的。

磨豆腐喽！

2. 过滤：外公小心翼翼地把豆浆装进一个大布袋，用力晃动着，豆浆欢快地跳进下面的大缸里。

1. 磨豆："嘎吱嘎吱"，老石磨把豆子吃进去，嚼碎后又吐出来，奶黄色的豆浆从缝隙中汩汩流出。

3. 煮浆："哗啦——"把过滤好的豆浆倒进大锅里，火苗舔着锅底，豆浆很快沸腾了，外婆轻轻舀去表面的泡沫。

4. 点卤：外公将盐卤慢慢倒入豆浆里，加一点，搅一搅，再加一点，再搅一搅。几分钟后，豆浆便渐渐凝成了嫩滑的豆腐花。

5. 舀豆花：把豆腐花一勺一勺地舀到木模里，轻轻地压平，用纱布包好。

6. 压榨成型：在木模上压几块大石头，把多余的水分挤出来，"吧嗒吧嗒""滴答滴答"。

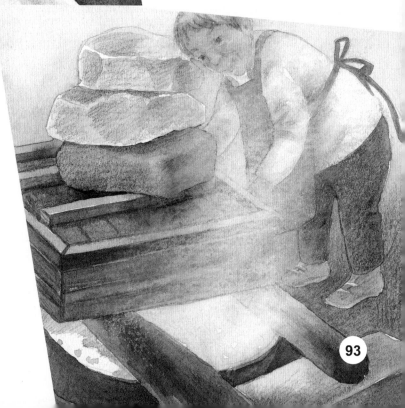

鸡叫了两遍，太阳出来了，小豆豆和外公一起去卖豆腐。

掀开纱布，鲜嫩雪白的豆腐冒着热气，一股豆花香扑鼻而来。外婆特意留了几块上好的豆腐，说："早点卖完，早点回来！今天我要给你们好好露一手。"

"豆腐，打豆腐喽——"外公的声音在街头响起，乡邻们便陆续从街前屋后赶过来买豆腐。

豆渣

　　做豆腐剩下的豆渣也大有用处，可以做成豆渣丸子，也是很好的鸡饲料。

　　民间有腊月二十五推磨做豆腐的年俗。传说有一位心地善良的老神仙叫灶王爷，他每年腊月上天庭汇报工作，都说老百姓日子艰辛。于是，各家各户纷纷在除夕前吃豆腐渣，希望前来查访的玉皇大帝见了心生同情，来年多降些福泽。

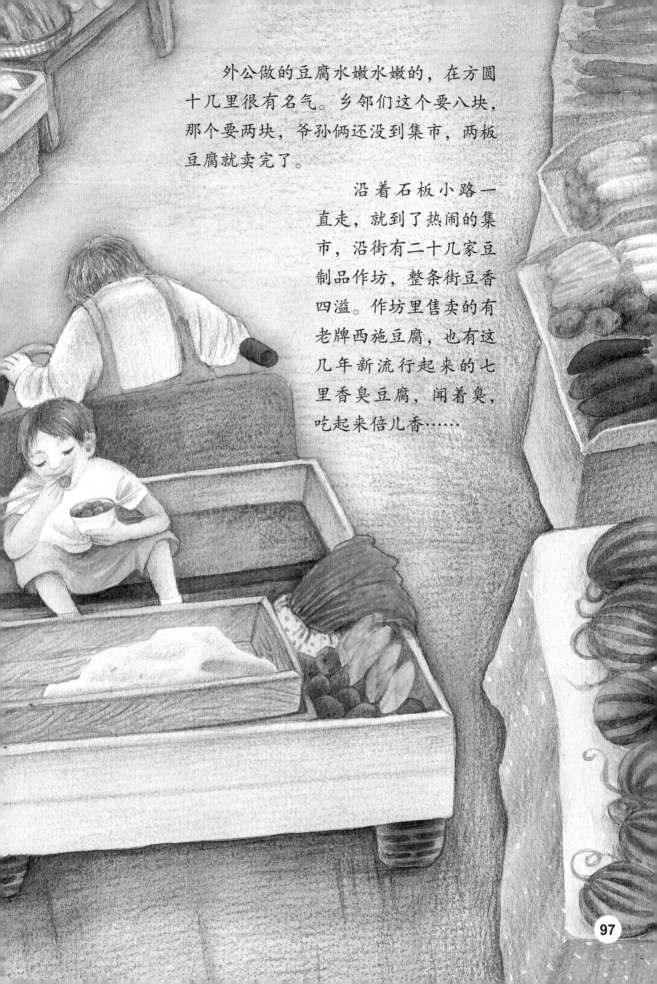

外公做的豆腐水嫩水嫩的，在方圆十几里很有名气。乡邻们这个要八块，那个要两块，爷孙俩还没到集市，两板豆腐就卖完了。

沿着石板小路一直走，就到了热闹的集市，沿街有二十几家豆制品作坊，整条街豆香四溢。作坊里售卖的有老牌西施豆腐，也有这几年新流行起来的七里香臭豆腐，闻着臭，吃起来倍儿香……

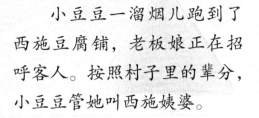
小豆豆一溜烟儿跑到了西施豆腐铺，老板娘正在招呼客人。按照村子里的辈分，小豆豆管她叫西施姨婆。

　　西施豆腐铺的豆制品最齐全：硬一点的是北豆腐，适合炖着吃；软一点的是南豆腐，适合做汤、涮火锅；入口即化的是内酯豆腐，适合凉拌；卷在白布层中压成大张薄片的，是豆腐片；压得紧而且更薄的，南方叫百页或千张；闪着油光的是豆腐皮……

　　要是当天的豆腐没卖出去，还可以做进一步加工：冷冻后就成了冻豆腐；油炸后就是外焦里嫩的油豆腐；熏烤后就成了别有风味的豆腐干；经过发酵就成了青色的臭豆腐和红艳艳的腐乳。

"咕噜——咕噜——"从集市回到家,小豆豆的肚子饿得咕咕叫。

外婆早做好了一桌豆腐宴,正中间是一盆香气扑鼻的鱼头豆腐煲,还有炸得焦黄的豆渣丸子、香芹炒豆干……

小豆豆觉得还少了一样，他从院子里拔来几棵小葱，做了外公最爱吃的小葱拌豆腐。

小葱拌豆腐

准备:豆腐（一块）、小葱（两棵）、盐、香油

1. 把豆腐切成均匀的小块。

2. 把小葱切成葱花。

3. 撒上葱花、盐、香油，一盘美味的小葱拌豆腐就做好了。

  豆腐是福

民谚说:"二十五，磨豆腐。"按照年俗，腊月二十五家家户户都要推磨做豆腐，准备过年。这是因为豆腐的"腐"与幸福的"福"谐音，豆腐包含着来年福气多多的寓意。

各种各样的豆腐

中国是大豆的故乡，如果从西汉刘安发明豆腐算起，豆腐已有两千多年的历史。豆腐品种多样，吃法就更丰富了。

广西：桂林腐乳

"桂林三宝"之一，辣中有甜，甜中喷香，滋味无穷。

四川：麻婆豆腐

这道菜是一位陈婆婆发明的，因她脸上有几粒麻子而得名。

湖南：油炸臭豆腐

外焦里嫩，闻着臭，吃着香！

全国各地的菜肴中都有一道特色豆腐菜：四川有麻婆豆腐，北京有炒麻豆腐，江苏有文思豆腐羹，浙江有霉豆腐，湖南有油炸臭豆腐，广东有客家酿豆腐……

在千百年的文化交流中，豆腐不但走遍全国，而且走向世界，融合了更多口味。

豆腐脑

也叫水豆腐。全国各地都有，北方多爱咸食，而南方则偏爱甜味，到了四川就变成了酸辣口味。

还有很多不是豆腐的"豆腐"，比如：鱼豆腐、杏仁豆腐、日本豆腐。它们的原料中并没有黄豆，只是因为口感或外形酷似豆腐，所以被称为"某某豆腐"。

鱼豆腐

主要原料是鱼肉，绞成肉泥后挤压制成。

杏仁豆腐

主要原料是甜杏仁，有淡淡的杏仁味，香甜嫩滑。

日本豆腐

主要原料是鸡蛋，形状和口感酷似豆腐。

小贴士

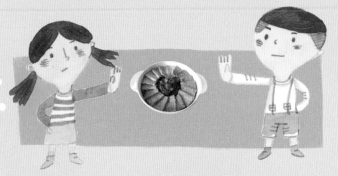

❶ 豆腐容易变质，存放的时间不宜过长，最好现吃现买。

❷ 无论在营养还是口味上，豆腐都能与肉、蛋、奶相媲美，有"植物肉"的美称。同时，它价格便宜，是老百姓都吃得起的美食。每天吃两小块豆腐，即可满足日常的钙需求量。

❸ 豆腐中含有丰富的大豆卵磷脂，可以增强大脑活力，提高学习和工作效率。

❹ 豆腐和菠菜最好不要同吃，因为菠菜中含有大量的草酸，会影响钙的吸收。

火 锅

传统文化圆桌派◎主编

史小杏◎著　王煜◎绘

团团

圆圆

　　"咸的好吃！"这是爷爷的声音。

　　"甜的好吃！"这是奶奶的声音。

　　每天早上，团团和圆圆都在大人们的争吵声中醒来。

平时，这是相亲相爱的一家人。可是一上了饭桌，每个关于"吃"的话题都能引发一场"家庭战争"。

从端午节吃咸粽子还是甜粽子，到冬至吃饺子还是汤圆……甚至早餐的豆腐脑吃甜的还是咸的，大人们都会争个不休。

大人们好像都有一个奇怪的胃：

奶奶是南方人，口味清淡；

爷爷是北方人，重油重盐；

妈妈是四川人，无辣不欢；

爸爸看到辣椒就心慌，一点点辣椒就能让他两眼泪汪汪。

还是团团和圆圆让人省心，酸甜苦辣全都爱，东西南北通吃，从来不挑食。

重庆 老火锅

一家子坚定地捍卫着各自对食物的信仰，寸步不让。

在这个世界上，只有一种食物能让他们安静下来，那就是——火锅！

开业酬宾

有各种各样的火锅：

老北京涮羊肉，羊肉细薄如纸，吃的是嫩；

云南菌汤火锅，菌菇清新甜美，吃的是鲜；
潮汕牛肉火锅，牛肉丸筋道多汁，吃的是韧；
重庆牛油火锅，花椒与辣椒在味蕾相撞，吃的是麻和辣。

老北京涮羊肉

111

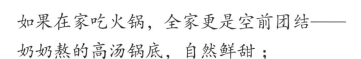

如果在家吃火锅，全家更是空前团结——

奶奶熬的高汤锅底，自然鲜甜；

妈妈炒的麻辣锅底也不弱，辣椒、麻椒和葱姜蒜炒起来，满屋飘香；

爷爷摆出一排瓶瓶罐罐，给大家调制火锅酱料；

团团、圆圆和爸爸要去哪儿？他们要去采购食材，那是火锅大餐的重头戏，要兼顾每个家庭成员的口味：

爷爷爱吃羊肉片，蘸上芝麻酱、腐乳、韭菜花酱调的酱汁，吃的是咸香开胃；

奶奶爱吃海鲜和蔬菜，蘸上酱油、醋调成的海鲜汁，吃的是原汁原味；

妈妈爱吃辣，自然少不了辣椒和毛肚。

天上飘起了雪花，买菜的爷儿仁也回来了。
圆圆高兴地喊起来："奶奶，奶奶，下雪啦！"
爸爸说："这雪下得好，晚来天欲雪，能饮一杯无？"

古诗中的火锅

围炉聚炊欢呼处，
百味消融小釜中。

奶奶慢悠悠地说："在我们南方老家，涮火锅也叫打边炉，每种食材都很讲究——调料里少不了葱花、大蒜和香菜，代表'聪明''会算''人缘好'；鱼象征'年年有余'……火锅是圆形的，寓意'团团圆圆'。"

团团说："奶奶您看，这些菜我们都买了。"

圆圆说："团团圆圆，那不就是哥哥和我的名字吗？"

　　一家六口桌边坐，一只鸳鸯火锅放中间，一半麻辣一半清汤。

　　爷爷问："团团、圆圆，你们知道火锅是怎么来的吗？"

　　两个小家伙摇摇头。

　　接着，爷爷打开了话匣子："相传，涮火锅的吃法源自元世祖忽必烈的军队。游牧民族无肉不欢，可是两军交战，吃饭都不安稳。

为了节省时间，厨师就把羊肉切成薄片，方便将士们在沸水里涮着吃。"

团团和圆圆听得入了迷，连连点头。

"咳咳咳！"妈妈咳嗽了几声，表示有话说。

妈妈说："爷爷说的都是老黄历了，北方的清汤涮羊肉可不能代表火锅。西南地区冬季湿冷，人们喜欢吃麻辣祛湿驱寒。而且在以前，码头的船工们买不起牛羊肉，只能捡些人家扔在江里的动物内脏，清洗加工后配上辣椒等调料烹煮，没想到竟做成了一锅鲜香麻辣的美味。"

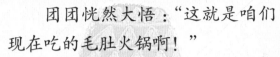

团团恍然大悟："这就是咱们现在吃的毛肚火锅啊！"

圆圆却听糊涂了："爷爷和妈妈，到底谁说得对呀？"

"都对！都对！"爸爸和起了稀泥。这话像往油锅里泼了一盆冷水，家里顿时炸开了锅。

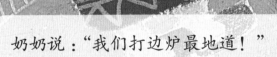

奶奶说："我们打边炉最地道！"
爷爷说："我们涮羊肉历史最悠久！"
妈妈说："我们四川火锅店开遍全国！"

这边三个大人吵得凶，那边水花"噗噗"响，爸爸大喊一声："水开了！"

团团和圆圆紧跟着说："可以下菜喽！"

　　世界瞬间安静了。羊肉、毛肚、大鱼丸……扑通扑通跳进锅，六双筷子齐刷刷地伸出去，"南北战争"在一只火锅里偃旗息鼓。

　　团团学着爷爷的样子，夹起一片羊肉，蘸着芝麻酱塞进嘴里，

再咬一口糖蒜，酸甜鲜咸交织在一起又不抢味，妙妙妙！

"圆圆，快尝尝奶奶的鱼丸！"奶奶捞了一个鱼丸给圆圆。圆圆咬上一口，满嘴香！

放倒旗子，停止敲鼓。原指行军时隐蔽行踪，不让敌人觉察，也指停止战斗。现在常常用来比喻停止争论或事情中止。

妈妈把毛肚嚼得"咯吱咯吱"响,连连说:"辣得过瘾,辣得巴适!"

爸爸鼓起勇气夹起一片毛肚,呛得两眼泪汪汪。

"涮羊肉怎么样?"

"鱼丸怎么样?!"

"毛肚怎么样?!!"

三双眼睛直勾勾地盯着团团、圆圆和爸爸的嘴巴。

"好吃!真好吃!都好吃!"团团、圆圆和爸爸这时候恨不得多长一张嘴,一张专门吃火锅,一张用来应付爷爷、奶奶和妈妈。

五福临门

福

人顺家顺百业顺

福多财多喜乐多

　　每个人都有一副与众不同的胃。然而，无论你有多挑剔，火锅总能满足你。

　　在大雪纷飞的日子里，全家六口围着滚烫的火锅，一人一筷，就着热腾腾的水汽，你来我往，吃的就是团团圆圆、和和美美。

各种各样的火锅

火锅历史悠久，上有一口锅，下面点上火，就是火锅了。因为肉类投进沸腾的锅里，会发出"咕咚""咕咚"的声音，火锅在古代也叫"古董羹"。

火锅配菜

中国幅员辽阔，物产丰富，人们运用各地独特的食材，赋予了火锅多样的风味。火锅菜的品种就更丰富了，常见的有肉类、海鲜、蔬菜和豆制品等。

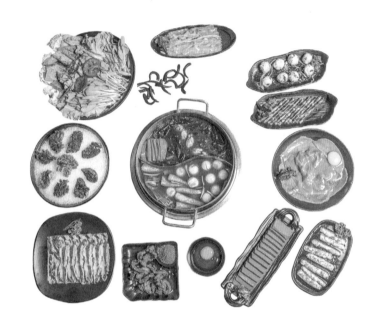

老北京涮锅

铜锅锃亮，炭火熊熊，羊肉鲜嫩。

串串香火锅

川味火锅之一，所有食材用竹签穿成一串一串的。顾客吃饱喝足后，"数签签"结账。

海鲜火锅

用料讲究，以鱿鱼、海螺肉、墨鱼、海参等海鲜为主要食材，注重保持海鲜的原汁原味。

九宫格火锅

圆形的火锅被分成九格，每个格子的火力和油温有所不同，各种食材都有自己的"归属地"：中间格火力最旺，适合烫毛肚、鸭肠；十字格火力次之，适合下肉片和肉丸；四角格火力最弱，适合煮鸭血、豆腐等。

鱼头火锅

源于著名川菜砂锅鱼头，在川西地区流传较广。

小贴士

❶ 吃火锅时应该先涮肉，还是先涮菜？这个没有标准答案，有的人喜欢先涮肉，认为这样能带出汤底的好味道；有的人讲究营养搭配，喜欢先喝汤，再涮菜，最后涮肉。

❷ 火锅菜一定要煮熟煮透，切莫贪图鲜嫩，肉类和水产应煮三分钟以上。

❸ 刚出锅的火锅菜热气腾腾，很多人喜欢趁势喝上一大杯冰镇啤酒或碳酸饮料。如此一热一冷，容易造成胃肠消化不良。

❹ 每次添加水或汤汁后，还应等待锅里的汤水再次煮沸后，才能继续煮食。

中华传统美食文化档案

《饺子》
代表人物：张仲景
起源：东汉末年
寓意：招财进宝、辞旧迎新、吉祥如意

《月饼》
代表人物：嫦娥
起源：远古传说
寓意：阖家团圆

《北京烤鸭》
代表人物：朱棣
起源：明朝
寓意：红红火火、富贵盈门

《粽子》
代表人物：无名氏。
起源：春秋时期
寓意：纪念屈原、平安吉祥

《面条》
代表人物：周文王姬昌
起源：4000 年前
寓意：福气绵长、长命百岁

《火锅》
代表人物：魏文帝
起源：三国时期
寓意：红红火火、团团圆圆

《茶》
代表人物：神农氏
起源：远古传说
寓意：健康、长寿

《元宵·汤圆》
代表人物：元宵姑娘
起源：西汉
寓意：团团圆圆、和睦幸福

《馒头·包子》
代表人物：诸葛亮
起源：三国时期
寓意：蒸蒸日上

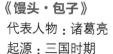

《豆腐》
代表人物：刘安
起源：西汉
寓意：招财纳福、生活富裕